BEI GRIN MACHT SICH IHR WISSEN BEZAHLT

- Wir veröffentlichen Ihre Hausarbeit,
  Bachelor- und Masterarbeit

- Ihr eigenes eBook und Buch -
  weltweit in allen wichtigen Shops

- Verdienen Sie an jedem Verkauf

Jetzt bei www.GRIN.com hochladen
und kostenlos publizieren

Joana Diekmann

Fraktionierte Schwermetall-Extraktion aus Acker- und Gartenböden

GRIN Verlag

Bibliografische Information der Deutschen Nationalbibliothek:

Die Deutsche Bibliothek verzeichnet diese Publikation in der Deutschen National-
bibliografie; detaillierte bibliografische Daten sind im Internet über http://dnb.d-
nb.de/ abrufbar.

Impressum:

Copyright © 2009 GRIN Verlag, Open Publishing GmbH
Druck und Bindung: Books on Demand GmbH, Norderstedt Germany
ISBN: 978-3-640-88974-7

Dieses Buch bei GRIN:

http://www.grin.com/de/e-book/170245/fraktionierte-schwermetall-extraktion-aus-
acker-und-gartenboeden

Praktikum zum Modul:

Probenahme und Analytik von Boden WS 08/09

im Masterstudiengang „Analytik"

Fraktionierte Schwermetall-Extraktion
aus Acker- und Gartenböden

vorgelegt von

Joana Diekmann

Hannover, Januar 2009

Die experimentellen Arbeiten im Rahmen dieser Forschungsarbeit wurden zwischen dem 15.12.2008 und dem 16.12.2008 im **Institut für Bodenkunde** in Hannover durchgeführt.

Inhaltsverzeichnis

Abkürzungsverzeichnis

AAS	Atomabsorptionsspektroskopie
AbfKlärV	Klärschlammverordnung
BBodSchV	Bundes-Bodenschutz- und Altlastenverordnung
HKL	Hohlkathodenlampe
SM	Schwermetall

Abbildungs- und Tabellenverzeichnis

Zusammenfassung

In dieser Arbeit wurden durch verschiedene Extraktionsverfahren (Ammoniumnitrat-Extraktion, Ascorbinsäure/Oxalat-Extraktion sowie Königswasser-Aufschluss) und anschließender Atomabsorptionsspektroskopie die Schwermetallgehalte von Cadmium, Blei und Kupfer im Boden gemessen. Für die Untersuchungen wurden zwei verschiedene Standorte der Böden, zum einen drei Gartenböden und zum anderen drei Ackerböden, gewählt.

Die Messungen ergaben, dass vor allem zwei der Gartenproben, die Böden Döhren und Burgweg, starke Schwermetallanreicherungen an allen drei toxischen Elementen enthielten. Dies konnte auf die jeweiligen Belastungsquellen zurückgeführt werden, welche durch geogene Schwermetalle aus dem Harz und durch langjährige Überdüngungen des Bodens entstanden sind. Beide Böden bilden in dem Wirkungspfad Boden-Nutzpflanze eine Gefahr für den Menschen und müssten eigentlich als Sondermüll behandelt bzw. durch Sanierungsverfahren gesäubert werden. Die Gartenprobe Lindener Berg, die durch Industriealtlasten belastet war, zeigte ebenfalls erhöhte Schwermetallgehalte, aber in einem Bereich, der für den Menschen noch nicht gefährlich ist.

Die drei Ackerböden wiesen insgesamt mit Faktoren von 5 – 10 sehr viel geringere Schwermetallanreicherungen auf, sodass deren Bewirtschaftung keine potentielle Gefahr für den Menschen darstellt. Diese geringeren Konzentrationen sind auf ihre Standorte (fern von Straßenverkehr und Industrieemissionen) und eine kontrollierte Düngung zurückzuführen.

Des Weitern konnte gezeigt werden, dass in der Fraktion aus der Ascorbinsäure/Oxalat-Extraktion die höchsten Schwermetallkonzentrationen detektiert wurden. Die Schwermetallkonzentrationen lagen um einen Faktor 20 – 140 oberhalb der detektierten Konzentrationen aus der Ammoniumnitrat-Extraktion. Der Königswasser-Aufschluss, der den Gesamtschwermetallgehalt angibt, zeigte im Gegensatz dazu nur eine Erhöhung des Schwermetallgehaltes um den Faktor 1 – 8. Diese bevorzugte Anreicherung der Schwermetalle in der Eisenmineral Fraktion konnte durch die gute Adsorption an die Eisenhydroxide bzw. Eisenoxide erklärt werden.

Zusätzlich wurde der pH-Wert in allen Böden bestimmt, der bei den gesamten Proben im schwach sauren Bereich lag und keinen Einfluss auf die Mobilisierung von Schwermetallen hatte.

Einleitung und Zielsetzung

Ziel dieses Praktikums war es durch verschiedene Extraktionsverfahren und anschließender Atomabsorptionsspektroskopie (AAS) den Schwermetallgehalt von Cadmium, Blei und Kupfer, drei sehr toxischen Elementen, im Boden zu messen. Dabei wurden jeweils drei Acker- und Gartenböden verwendet, um mögliche Unterschiede der beiden Standorte im Bezug auf die Schwermetallanreicherung und die daraus resultierenden Gefahrenpotentiale zu untersuchen.

Da Schwermetalle, neben organischen Schadstoffen, zu den wichtigsten Schadstoffgruppen im Boden gehören, wurde in der vorliegenden Arbeit diese Substanzklasse untersucht. Dabei sind die Eintragspfade für Schwermetalle in den Boden sowohl geogenen als auch anthropogenen Ursprungs. Weil Schwermetalle ein natürlicher Bestandteil der Erdkruste sind, können diese durch Verwitterung der Gesteine auf diese Weise in den Boden gelangen. Andererseits werden die Schwermetalle durch die Herstellung und Nutzung schwermetallhaltiger Stoffe des Menschen als Emissionen, flüssiger oder fester Abfall, z.B. als Klärschlamm, oder mit Agrochemikalien dem Ökosystem zugeführt. Beispiele für diese Quellen sind aus der Industrie die Kunststoffverarbeitung (Cadmium) und die Gewinnung bzw. Verarbeitung von Erzen und Metallen oder aus dem Bereich der Landwirtschaft die Düngemittel [1,2].
In den Böden kann es durch diese Einträge zu Bioakkumulationen kommen, wodurch die Schwermetalle dann, bei einer Bewirtschaftung der Böden, von Pflanzen aufgenommen werden und so in die Nahrungskette der Menschen und Tiere gelangen. Da die Schwermetalle im Boden nicht abgebaut werden können und sie durch ihre Bindung an Tonminerale und organische Substanzen sehr immobil sind, reichern sie sich an verschiedenen Stellen dieses Kreislaufes an. Eine Verhinderung dieser Schwermetallanreicherung im Boden ist nur durch Vorbeugemaßnahmen zu verhindern. Ab bestimmten Konzentrationen führt es bei stetigen Schwermetalleinträgen dann zu Vergiftungen der Böden und Pflanzen, was vielfältige Auswirkungen auf deren Nutzung und Funktion im Ökosystem hat. Auf diesen bereits belasteten Böden können die Schwermetalle z.B. durch eine Anhebung des pH-Wertes, mit einer Kalkung oder mit alkalischen Düngemitteln, im Boden immobilisiert werden und somit den Stoffkreisläufen entzogen werden [1,2].

Es gibt viele verschiedene Faktoren von denen die Mobilisierung und Immobilisierung der Schwermetalle abhängen, denn alle Schwermetalle sind im Boden an verschiedenen Transportprozessen und (im)mobilisierenden Prozessen beteiligt. Um die Schwermetalle, die meist als Kationen vorliegen, zu immobilisieren können sie zum einen mit anderen Ionen reagieren und schwer lösliche Niederschläge bilden. Zum anderen können sie an negative Ladungen der festen Bodenbestandteile sorbiert werden. Auf diese Weise können sie in das feste Kristallgitter eingebaut werden, sie können organische Komplexe bilden oder es entstehen stabile, aber zum Teil reversible sorptive Bindungen [2,3].

Darüber hinaus ist die Mobilisierung der Schwermetalle in diesem Zusammenhang sehr wichtig, da sie den mobilen Anteil, also das wesentliche Gefährdungspotential, im Boden bestimmen. Wenn eine Verdünnung des Bodens, also ein Entzug der Gegenionen stattfindet, oder wenn eine Verdrängung durch Ionenaustauscher entsteht, aber auch bei der Auflösung des Minerals kann es zu einer verstärkten Freisetzung von Schwermetallen führen. Somit bestimmen die Menge und die Qualität der Sorptionspartner (z.B. Tonminerale, Fe-/Al-Oxide oder organische und anorganische Komplexbildner) sowie die chemischen Parameter wie pH-Wert und Redoxpotential die Löslichkeit und somit die Bioverfügbarkeit von Schwermetallen. Zum Beispiel können Pflanzen bei niedrigen pH-Werten schon bei geringsten Schwermetallkonzentrationen im Boden diese Elemente aufnehmen und akkumulieren. Des Weiteren reagieren die Tonminerale sehr empfindlich auf pH-Änderungen und es kann bei einer pH-Senkung zur Freisetzung von großen Mengen an Schwermetallionen führen, da die Schwermetall-Kationen von den Protonen verdrängt werden. Daher nimmt der pH-Wert für die Beurteilung der Bodeneigenschaften eine bevorzugte Stellung ein. Des Weiteren wird die Adsorption von Schwermetallen durch ihren pK-Wert beeinflusst, wobei diese mit zunehmender Neigung der Metalle zur Hydroxo-Komplexbildung (MOH^+) steigt [2,3].

Übersteigt die Schwermetallbelastung das Bindungsvermögen des Bodens so besteht die mögliche Gefahr, dass Schwermetallverbindungen mit dem Sickerwasser ins Grundwasser gelangen. Eine Möglichkeit um die schwermetallbelasteten Böden zu sanieren besteht darin, dass der Transfer der Metalle zum immobilien Pool verstärkt wird, wie oben bereits beschrieben wurde. Dies wird durch eine Zufuhr von Sorptionsträgern und durch eine Erhöhung des pH-Wertes erreicht [2,3].

Da die Schwermetalle im Boden auf unterschiedliche Weise sorbiert sind, haben sie auch verschiedene Mobilitäten und Bioverfügbarkeiten. Um diese Bindungsformen getrennt zu erfassen und um Aussagen über die ökologische Verfügbarkeit und somit das Gefahrenpotential der Schwermetalle zu treffen, werden Extraktionsmittel mit zunehmender Stärke verwendet. In der vorliegenden Arbeit wurde aus diesem Grund ein Teil des sequentiellen Extraktionsverfahrens nach *Zeien & Brümmer* angewendet. Dabei werden mit einer Ammoniumnitrat-Extraktion leicht austauschbare Schwermetalle bestimmt, wobei die extrahierte Menge eng mit dem pflanzenverfügbaren Anteil korreliert. Somit können Rückschlüsse auf den aufgenommen und akkumulierten Anteil der Schwermetalle in den Pflanzen gemacht werden. Bei dem Königswasser-Aufschluss werden im Gegensatz dazu die Gesamtgehalte an Schwermetall im Boden bestimmt. Eine weitere Extraktion, die Ascorbinsäure/Oxalat-Extraktion löst die pedogenen Eisenminerale auf, sodass eine Aussage über die spezifisch an Eisenhydroxide bzw. an Eisenoxide gebundenen Schwermetalle gemacht werden kann [2,5].

Da die Schwermetallmobilität im Boden stark vom pH-Wert gesteuert wird, wie oben bereits besprochen wurde, wird dieser Parameter ebenfalls, in Ergänzung zu den Extraktionsverfahren gemessen [5].

Wenn die Schwermetalle aus den einzelnen Fraktionen, ja nach ihrer Mobilität, extrahiert sind, werden die einzelnen Elemente (Pb, Cu und Cd) in den Proben mit der AAS gemessen. Dies ist eine spektroskopische Methode, die auf der Absorption von Licht durch freie Atome in der Gasphase basiert. Diese Atome können nur Strahlung ganz bestimmter Wellenlängen absorbieren und auch emittieren, welche spezifisch für dieses Element sind. Für die Messung eines bestimmten Elementes wird eine entsprechende Lichtquelle, eine Hohlkathodenlampe (HKL), benötigt. Bei einer HKL besteht die Kathode aus dem zu bestimmenden Metall und emittiert somit das elementspezifische Wellenlängenspektrum. Das zu messende Element absorbiert die Resonanzlinien und die Abschwächung der HKL-Strahlung wird bei der spezifischen Wellenlänge detektiert. Über das *Lambert-Beer-Gesetz* (s. Gleichung **1**) ist der quantitative Zusammenhang zwischen der Elementkonzentration c und der gemessenen Strahlungsintensität I/I_0 gegeben [4].

$$E = \log\frac{I_0}{I} = \varepsilon \cdot c \cdot d$$

ε = Extinktionskoeffizient
c = Konzentration
d = Brennerlänge
I/I_0 = Strahlungsintensität

Gleichung 1

Mit den oben angesprochenen Labormethoden war es somit möglich, ein Gefährdungspotential der Böden und die Gesamtvorräte an Schwermetallen in den einzelnen, unterschiedlich mobilen Fraktionen zu ermitteln. So konnten Schwermetallanreicherungen in den verschiedenen Acker- und Gartenböden und den einzelnen Extraktionen detektiert und untereinander verglichen werden.

1 Experimentelles

1.1 Untersuchte Materialien

Die Untersuchungen wurden an sechs verschiedenen gepflügten, mineralischen Oberböden (Ap-Horizonten) durchgeführt, deren Nutzung und Bodenart bzw. Belastungsquellen in Tabelle **1-1** zu sehen sind. Die Bodenproben wurden vor den experimentellen Durchführungen auf 2 mm Korngröße gesiebt.

Tabelle 1-1:   Untersuchte Böden mit deren Nutzung und Bodenart bzw. Belastungsquelle

Nutzung	Herkunft	Bodentyp	Bodenart
	Arnum	Parabraunerde	Löss
Ackerböden	Fuhrberg	Braunerde	humoser Sand
	Helldorf	Braunerde	Sand

Nutzung	Herkunft	Bodentyp	Belastungsquelle
	Lindener Berg	Hortisol	Industriealtlast
Gartenböden	Döhren	Kolluvisol	geogene SM[1)] aus dem Harz
	Burgweg	Hortisol	langjährige Überdüngung

[1)] SM = Schwermetall

1.2 Methoden und Messparameter

1.2.1 pH-Wert Messung

Für die pH-Wert Messung wurden jeweils ca. 10 g Boden (genaue Einwaagen s. Anhang **A.1**) in Kunststoffbecher eingewogen und mit 25 mL 0,01 M $CaCl_2$-Lösung versetzt. Die Proben wurden mit einem Glasstab durchmischt und für 2 Stunden stehen gelassen. Anschließend wurden die Proben nochmals aufgeschüttelt und mit einer, zuvor kalibrierten, pH-Elektrode vermessen.

1.2.2 Ammoniumnitrat-Extraktion

Für die Ammoniumnitrat-Extraktion wurden in einer Doppelbestimmung jeweils 2 g Boden (genaue Einwaagen s. Anhang **A.2**) in Zentrifugengläser eingewogen und mit 50 mL einer 1 M NH_4NO_3-Lösung versetzt. Des Weiteren wurde ein Zentrifugenglas nur mit der NH_4NO_3-Lösung versetzt, welches als Blindprobe und als Blank für die AAS-Messung diente. Die Gläser wurden dann über Nacht im Überkopfschüttler geschüttelt, am nächsten Morgen abzentrifugiert, der Überstand über einen Filter in eine PE-Flasche filtriert und 0,5 mL HNO_3 (konz.) zur Stabilisierung hinzugegeben. Diese Extrakte wurden dann in der AAS vermessen.

1.2.3 Ascorbinsäure/Oxalat-Extraktion

Für die Ascorbinsäure/Oxalat-Extraktion wurden in einer Doppelbestimmung jeweils 2 g Boden (genaue Einwaagen s. Anhang **A.2**) in Zentrifugengläser eingewogen und mit 50 mL einer Extraktionslösung (0,1 M Ascorbinsäure, 0,2 M Di-Ammoniumoxalat-Monohydrat und 0,2 M Oxalsäure-Dihydrat; pH-Wert soll 3,25 sein) versetzt. Des Weiteren wurde ein Zentrifugenglas nur mit der Extraktionslösung versetzt, welches als Blindprobe und als Blank für die AAS-Messung diente. Alle Zentrifugengläser wurden anschließend per Hand geschüttelt und mit geöffnetem Deckel im Wasserbad für 30 Minuten bei 96 °C gekocht. Nach 10 min. Zentrifugation wurden die Proben über einen Filter in PE-Flaschen überführt und der verliebende Rückstand in den Zentrifugengläsern wurde zum Nachwaschen mit 25 mL Waschlösung (0,2 M Di-Ammoniumoxalat-Monohydrat und 0,2 M Oxalsäure-Dihydrat) versetzt. Die Gläser wurden zuerst per Hand und anschließend 10 Minuten maschinell im Überkopfschüttler geschüttelt. Nach erneuter Zentrifugation wurden die Extrakte ebenfalls in die zuvor gewonnenen Lösungen filtriert und die Extrakte wurden dann in der AAS vermessen.

1.2.4 Königswasser-Aufschluss

Für den Königswasser-Aufschluss wurden in einer Doppelbestimmung jeweils 2 g Boden (genaue Einwaagen s. Anhang **A.2**) in Aufschlussrohre eingewogen und mit 15 mL HCl (37 %) und 5 mL HNO_3 (65 %) versetzt. Des Weiteren wurde ein Aufschlussrohr nur mit HCl und HNO_3 versetzt, welches als Blindprobe und als Blank für die AAS-Messung diente. Die Proben wurden in den Aufschlussblock gestellt und die Kühler sowie die Absorptionsröhrchen wurden aufgesetzt. Die Proben wurden dann kalt über Nacht stehen gelassen. Am nächsten Morgen wurde der Aufschlussblock kontrolliert auf 170 °C hoch geheizt und die Temperatur für 2 Stunden unter Rückfluss gehalten. Nach dem Abkühlen des Aufschlussblocks wurden die Proben über Filter in 100 mL PE-Kolben überführt. Der Rückstand wurde 3x gründlich mit verdünnter Salpetersäure (1:100) nachgespült und ebenfalls filtriert. Anschließend wurden die Kolben auf 100 mL aufgefüllt und die Extrakte wurden dann in der AAS vermessen.

1.2.5 AAS-Messungen

Für die Kalibration des Gerätes wurden je 100 mL eines Mischstandards verwendet, der die Schwermetalle Pb, Cu und Cd in den angegebenen Konzentrationsstufen enthielt. Da nur mit einem Mischstandard gearbeitet wurde, wurden die in allen Verfahren produzierten Blindwerte sowohl als Methodenblindwert als auch zur Matrixkorrektur verwendet.

Gerät	AAnalyst 300
Hersteller	Perkin Elmer
Hohlkathodenlampe	Pb, Cd, Cu
Linie	283,3 nm (Pb), 228,8 nm (Cd), 324,8 nm (Cu)
Kalibrationsbereich Pb	0 – 10 mg/L
Kalibrationsbereich Cb	0 – 2 mg/L
Kalibrationsbereich Cu	0 – 4 mg/L
Brenngas	Acetylen
Oxidationsmittel	Luft
Wiederholungsmessungen	2

Bevor die jeweiligen Proben vermessen wurden, wurde das Gerät mit der entsprechenden Hohlkathodenlampe und den Mischstandards kalibriert. Dann wurde der jeweilige Blindwert gemessen und anschießend die Proben. Nachdem alle 12 Proben vermessen waren, wurde wieder ein Blindwert gemessen um danach nochmals alle Proben zu vermessen. Für die Auswertung wurde mit den entsprechenden Mittelungen der beiden Messungen gearbeitet.

2 Ergebnisse

2.1 pH-Wert

Anhand der gemessenen pH-Werte (s. Abbildung **2.1**) lassen sich die Böden entsprechenden Einstufungen zuordnen. Bei allen Gartenböden (Lindener Berg, Döhren und Burgweg) sowie dem Ackerboden Arnum lag der gemessene Boden pH-Wert im Bereich von pH 6,0 – pH 6,9, also im schwach sauren Bereich. Nur die Proben Fuhrberg und Helldorf lagen im mäßig saurem Bereich (pH 5,0 – pH 5,9) [6].

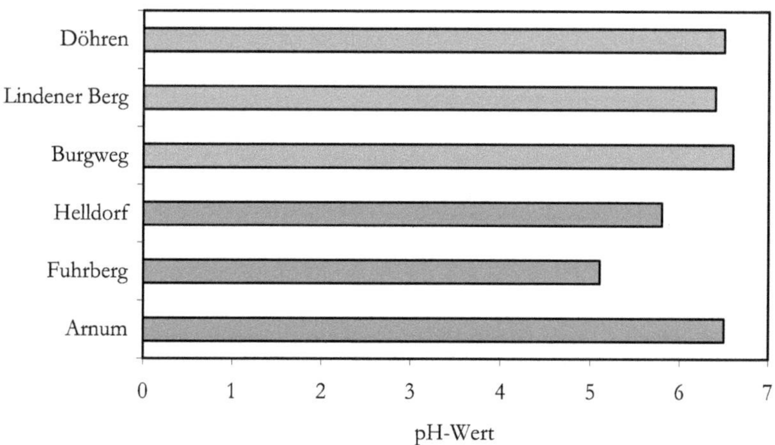

Abbildung 2-1: Die gemessenen pH-Werte der einzelnen Böden (▨ = Gartenböden, ▨ = Ackerböden)

Die beiden niedrigeren pH-Werte der Böden Fuhrberg und Helldorf sind auf ihre Bodenart zurückzuführen. Im sorptionsschwachen Sandboden können die Calcium-Ionen nicht gut gespeichert werden, sodass eine Tendenz zur Versauerung dieser Böden vorliegt.

2.2 AAS-Messung

Alle Originaldaten der gemessenen Schwermetallkonzentrationen mit der AAS und die entsprechenden korrigierten Werte befinden sich im Anhang **A.4**. Da die detektierten Konzentrationen bei der AAS-Messung in mg/L vorliegen, müssen diese mit der genauen Einwaage der Böden (s. Anhang **A.2**) und den Volumen der zugesetzten Lösungen (Ammoniumnitrat-Extraktion: 50 mL, Ascorbinsäure/Oxalat-Extraktion: 75 mL und Königswasser-Aufschluss: 100 mL) in Bodengehalte (mg/kg) umgerechnet werden.

2.2.1 Blei und Kupfer

In der folgenden Abbildung (s. Abbildung **2-2**) wurden die Schwermetallgehalte aus der Ammoniumnitrat-Extraktion an Kupfer und Blei von den einzelnen untersuchten Böden grafisch dargestellt. Die gemessenen Konzentrationen von beiden Elementen lagen dabei am unteren Ende des Kalibrationsbereiches und unterschieden sich nur kaum vom gemessenen Blindwert.

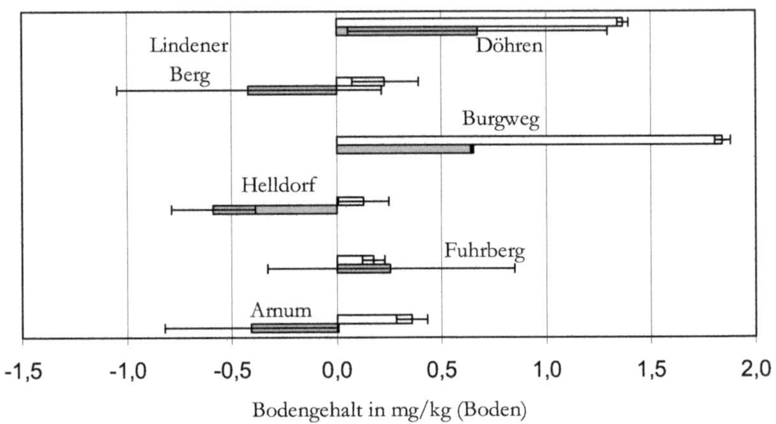

Abbildung 2-2: Die gemessenen Bodengehalte der einzelnen Böden aus der Ammoniumnitrat-Extraktion (▮ = Blei, = Kupfer)

Vor allem im Bereich von -0,5 mg/kg bis 0,5 mg/kg Bodengehalt, waren die Fehlerbalken der Messungen sehr hoch und die prozentualen Abweichungen lagen zum Teil bei über 100 %.

Des Weiteren konnte ein Unterschied bei den beiden Schwermetallen detektiert werden. Die Bodengehalte für die Kupferbestimmung wurden im Bezug auf ihre Fehlerbalken deutlich empfindlicher gemessen, als die Bleigehalte im Boden. Aus diesem Grund sind die Bodengehalte vom Blei nicht sehr präzise und schwierig zu interpretieren.

Trotz dieser unempfindlichen Blei-Messung konnte dennoch ein deutlicher Unterschied zwischen den Acker- und Gartenböden erkannt werden. Vor allem die Gartenböden Döhren und Burgweg zeigten Bodengehalte, die bei 1,4 mg/kg bis 1,8 mg/kg Kupfer lagen. In den Ackerböden, sowie im Gartenboden vom Lindener Berg wurden nur geringe Bodengehalte an Kupfer und Blei detektiert, die alle in den gleichen Größenordnungen lagen (bis 0,3 mg/kg).

In Abbildung **2-3** wurden die Schwermetallgehalte aus der Ascorbinsäure/Oxalat-Extraktion an Kupfer und Blei von den einzelnen untersuchten Böden grafisch dargestellt.

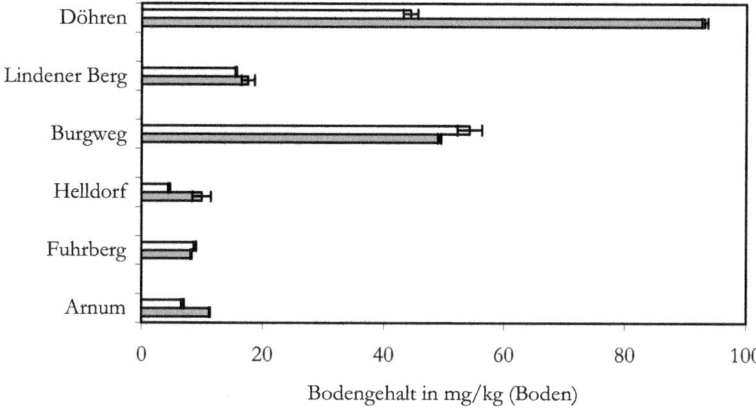

Abbildung 2-3: Die gemessenen Bodengehalte der einzelnen Böden aus der Ascorbinsäure/Oxalat-Extraktion (= Blei, = Kupfer)

Im Vergleich zu der vorherigen Ammoniumnitrat-Extraktion lagen die gemessenen Bodengehalte sowohl an Kupfer als auch an Blei bei dieser Extraktion um ein Vielfaches (Faktor 20 – 100) höher. Dies war nachvollziehbar, da bei dieser Extraktion auch die Eisenminerale aufgelöst wurden, sodass auch diese Schwermetall-Reservoirs gemessen werden konnten.

Wie auch bei der Ammoniumnitrat-Extraktion war ein deutlicher Unterschied in den beiden Bodensorten zu erkennen. Die Böden aus Döhren und vom Burgweg lagen in ihren Bodengehalten wieder deutlich (50 mg/kg – 90 mg/kg) oberhalb der Ackerböden. Aber diesmal wies auch der Gartenboden vom Lindener Berg im Vergleich zu den Ackerböden einen um den Faktor 2 höheren Bodengehalt an Kupfer und an Blei auf.

In Abbildung **2-4** wurden die Schwermetallgehalte aus dem Königswasser-Aufschluss an Kupfer und Blei von den einzelnen untersuchten Böden grafisch dargestellt. Die relativen Fehler der einzelnen Messungen lagen bei diesem Aufschluss im Bereich von 5 %. Im Vergleich zu den anderen beiden Aufschlüssen, bei denen diese relativen Abweichungen zum Teil bei bis zu 95 % für Kupfer und bei bis zu 200 % für Blei lagen, konnten diese Bodengehalte sehr präzise und genau gemessen werden. Dies war auch auf die absolute Menge an Schwermetall zurückzuführen. Beim Königswasser-Aufschluss wurde der Gesamtgehalt an Schwermetall im Boden ermittelt, der um einen Faktor 3 über den Bodengehalten aus der Ascorbinsäure/Oxalat-Extraktion lag.

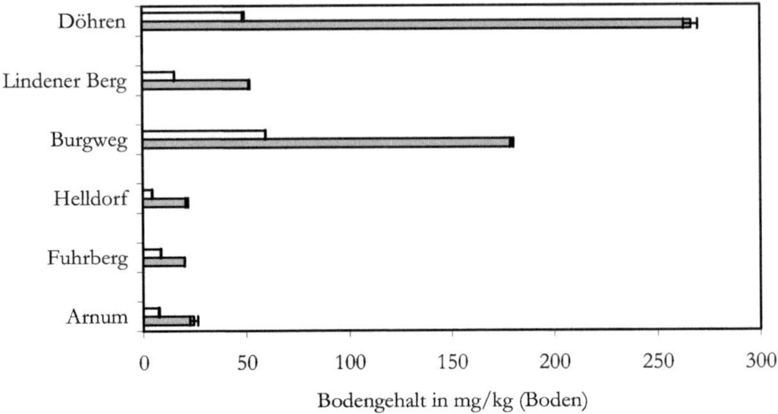

Abbildung 2-4: Die gemessenen Bodengehalte der einzelnen Böden aus dem Königswasser-Aufschluss (█ = Blei,   = Kupfer)

Die sehr genauen Messungen der Bodengehalte spiegelten wiederum den bereits beobachteten Trend zwischen Gartenböden und Ackerböden wieder. Es konnte ein deutlicher Unterschied zwischen den drei Proben Döhren, Lindener Berg und Burgweg sowie den Proben Helldorf, Fuhrberg und Arnum detektiert werden.

2.2.2   Cadmium

In Abbildung **2-5** wurden die Cadmiumgehalte aus den drei Extraktionen von den untersuchten Böden grafisch dargestellt. Die Cadmiumgehalte unterschieden sich von den anderen beiden Schwermetallen in sofern, dass sie in sehr viel geringeren Konzentrationen in der Messlösung bzw. in niedrigeren Bodengehalten in der Probe vorlagen. Wie erwartet lag in der Fraktion aus dem Königswasser-Aufschluss der höchste Cadmiumgehalt vor, der im Boden aus Döhren bei etwa 2,3 mg/kg und bei dem Boden vom Burgweg bei etwa 1,2 mg/kg lag. Diese beiden Böden waren, wie auch bei den anderen Schwermetallen, die am schwersten belasteten Böden. Die Ackerböden wiesen alle drei nur Gehalte zwischen 0,3 mg/kg und 0,6 mg/kg auf. Bei den beiden anderen Extraktionen war zu erwarten, dass aus den Ammoniumnitrat-Proben weniger Cadmium extrahiert und detektiert wurden, als bei den Proben aus der Ascorbinsäure/Oxalat-Extraktion. Außer bei der Gartenprobe aus Döhren war dies bei allen untersuchten Böden der Fall. Bei dieser Probe könnte es sich um einen Aufarbeitungsfehler handeln, bei dem ein Teil des Cadmiums zB. im Filter hängen geblieben ist und nicht ausgewaschen wurde.

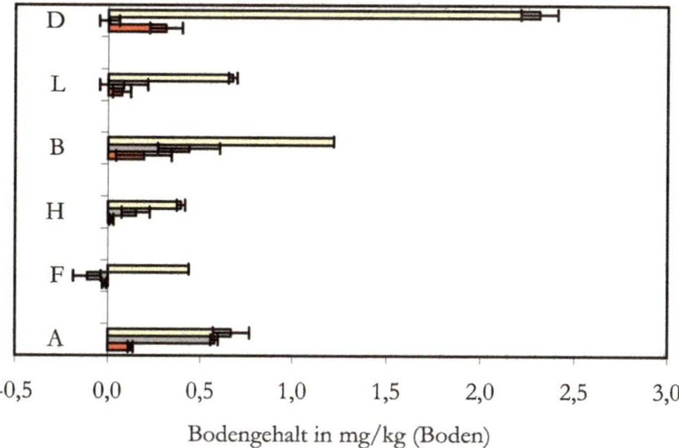

Abbildung 2-5: Die gemessenen Bodengehalte der einzelnen Böden aus dem Königswasser-Aufschluss (= Ammoniumnitrat-Extraktion, = Königswasser-Aufschluss, = Ascorbinsäure/Oxalat-Extraktion). A = Arnum, F = Fuhrberg, H = Helldorf, B = Burgweg, D = Döhren, L = Lindener Berg.

Trotz der sehr niedrigen Gehalte an Cadmium konnte der Unterschied zwischen den Garten- und Ackerböden erkannt werden. Die geringen Mengen an Cadmium spiegelten sich auch in den Standardabweichungen wieder, die vor allem bei der Ammoniumnitrat- und Ascorbinsäure/Oxalat-Extraktion zu relativen Abweichungen von 10 % und 150 % führte. Diese Abweichungen waren vergleichbar mit denen aus der Ammoniumnitrat-Extraktion von Kupfer und Blei. Jedoch wies bei dieser Messung auch der Ackerboden aus Arnum (A) eine gewisse erhöhte Cadmiumgesamtkonzentration auf, die vergleichbar mit der Gartenprobe vom Lindener Berg (L) war und bei 0,6 mg/kg lag.

3 Diskussion

An Hand der durchgeführten Extraktionen ist ein deutlicher Unterschied zwischen den Schwermetallgehalten in den einzelnen Fraktionen zu erkennen. Des Weiteren kann bei allen Extraktionen ein immer wiederkehrender Trend beobachtet werden, wobei die Gartenböden gegenüber den Ackerböden stärker durch Schwermetalle angereichert bzw. belastet sind.

Im Oberboden der Gartenböden sind im erheblichen Umfang die drei Schwermetalle Cadmium, Kupfer und Blei angereichert. Für eine Bewertung dieser Anreicherungen können die Prüf- und Maßnahmewerte (s. Tabelle **3-1**) aus der Bundes-Bodenschutz- und Altlastenverordnung (BBodSchV) herangezogen werden. Der Prüfwert gibt dabei an, bis zu welcher Konzentration Vorsorgemaßnahmen zu treffen sind. Bei einer Überschreitung dieses Wertes, müssen Untersuchungen zur abschließenden Gefährdungsabschätzung durchgeführt werden. Wird der Prüfwert so weit überschritten, dass der Maßnahmewert erreicht wird, müssen an den Böden in der Regel Sanierungsmaßnahmen durchgeführt werden [2]. Die angegebenen Konzentrationen in Tabelle **3-1** beziehen sich jeweils auf die Ammoniumnitrat-Extraktion. Dabei korreliert die extrahierbare Schwermetallmenge eng mit dem Schwermetallanteil der für die Pflanzen zur Verfügung steht (s. Einleitung).

Tabelle 3-1: Prüf- und Maßnahmewerte nach § 8 der BBodSchV für den Schadstoffübergang Boden - Nutzpflanze auf Ackerbauflächen und in Nutzgärten im Hinblick auf die Pflanzenqualität bzw. auf Wachstumsbeeinträchtigungen bei Kulturpflanzen bei einer Ammoniumnitrat-Extraktion (in mg/kg Boden) [7]

Stoff	Prüfwert	Maßnahmewert
Blei	0,1	--
Cadmium	--	0,1
Kupfer	1	--

Ein Vergleich der experimentell bestimmten Menge an Kupfer und Blei in der Ammoniumnitrat-Extraktion mit dem Prüfwerten zeigt, dass die Gartenböden Döhren und Burgweg unter Berücksichtigung der Messunsicherheit (Bodengehalt $\pm$ Standardabweichung) diese Werte um einen Faktor 1,8 bzw. 1,4 für Kupfer und einen Faktor 6 für Blei überschreiten. Für eine Gefahrenabwehr müssen bei diesen Proben bei einer weiteren Nutzung Untersuchungen zur abschließenden Gefährdungsabschätzung gemacht werden, da eine Schwermetallanreicherung in bestimmten Nahrungspflanzen eintreten kann und so zum Menschen gelangen kann.

Der dritte Gartenboden (Lindener Berg) und die drei Ackerböden zeigen bei Kupfer keine Überschreitung des Prüfwertes. Beim Blei liegen die gemessenen Bodengehalte unter dem

Blank, also im negativen Bereich, und können nicht weiter berücksichtigt werden. Somit wird der Wirkungspfad Boden-Nutzpflanze bei diesen Böden nicht beeinträchtigt.

Bei Cadmium wird in Tabelle **3-1** ein Maßnahmewert von 0,1 mg/kg Boden angegeben, wobei dieser von allen drei Gartenböden und vom Ackerboden Arnum überschritten wird. Bei diesen Böden müssten nach BBodSchV Sanierungsmaßnahmen erfolgen, um den Cadmium-Gehalt zu senken.

Um nicht nur den sehr geringen pflanzenverfügbaren Anteil an Schwermetallen zu bewerten, wird im Folgenden der Gesamtschwermetallgehalt, der durch den Königswasser-Aufschluss repräsentiert wird, im Boden berücksichtigt. Für diese Bewertung werden die Grenzkonzentrationen (s. Tabelle **3-2**) aus der Klärschlammverordnung (AbfKlärV) herangezogen. Wenn diese angegebenen Konzentrationen überschritten werden, ist das Aufbringen von Klärschlamm auf landwirtschaftlich oder gärtnerisch genutzte Böden verboten. Daraus folgt, dass Böden mit zu hohen Schwermetallkonzentrationen eigentlich als Sondermüll gelten und nicht mehr Bewirtschaftet werden dürfen [8].

Tabelle 3-2: Grenzkonzentrationen die nach § 4 der AbfKlärV für das Aufbringen von Klärschlamm auf Acker- oder Gartenböden bei einer Königswasser-Extraktion nicht überschritten werden dürfen (in mg/kg Boden) [8]

Stoff	Grenzkonzentration
Blei	100
Cadmium	1,5
Kupfer	60

Bei den experimentell ermittelten Gesamtschwermetallgehalten an Blei ist auch bei dieser Fraktion wiederum eine Überschreitung der Grenzkonzentration bei den Böden Döhren und Burgweg zu beobachten. Die angegebene Konzentration wird bei diesen Proben um eine Faktor 2,7 bzw. 1,8 überschritten. Der Gehalt an Kupfer liegt bei allen Böden unterhalb der Grenzkonzentration. Jedoch sind die beiden Böden Döhren und Burgweg gegenüber den anderen Proben stark erhöht und liegen mit ihren Gehalten von 49,051 ± 0,467 mg/kg bzw. 59,552 ± 0,120 mg/kg nur knapp unter den angegebenen Grenzkonzentrationen. Bei Cadmium spiegelt sich ebenfalls diese Tendenz der Böden Döhren und Burgweg wider. Auch wenn formal nur der Gartenboden Döhren den Grenzwert überschreitet, liegt die gemessene Cadmiumkonzentration bei der Probe Burgweg nur knapp (1,219 mg/kg) unter der Grenzkonzentration aus der AbfKlärV.

Die Gesamtschwermetallgehalte aus dem Königswasser-Aufschluss zeigen, dass die Böden Döhren und Burgweg als Klärschlamm nicht verarbeitet werden dürften und somit als Nutzungsfläche im Garten eigentlich nicht mehr bewirtschaftet und benutzt werden dürfen.

Dieser Unterschied in den Acker- und Gartenböden ist an Hand ihrer Standorte und Belastungsquellen erklärbar. Bei den Ackerböden handelt es sich um Böden, die einer kontrollierten Düngung unterliegen. Des Weiteren sind bei diesen Böden keine Belastungsquellen aus dem Boden durch vorherige Einträge bekannt, sodass diese Böden als gering belastet anzusehen sind. Im Gegensatz dazu, liegen bei den Gartenböden verschiedene Belastungsquellen vor, welche die Schwermetallanreicherung stark beeinflussen.

Bei Döhren liegen im Boden geogene Schwermetalle aus dem Harz vor, die vor allem zu hohen Cadmium- und Bleikonzentrationen führen. Diese hohen natürlichen Gehalte der beiden Elemente führen zu Schwermetallkonzentrationen, die sich in Nutzpflanzen anreichern können. Über die Nutzpflanzen können diese Schwermetalle dann zum Menschen gelangen, von ihm aufgenommen und im Körper akkumuliert werden. Je nach Schwermetallkonzentrationen in den aufgenommenen Pflanzen kann dies für den Menschen gefährlich werden.

Bei der Bodenprobe Burgweg liegt eine langjährige Überdüngung der Böden vor. Die daraus resultierende Bodenbelastung durch hohe Schwermetallkonzentrationen kann auf die verwendeten Düngemittel zurückgeführt werden. Diese enthalten oft belastete Komposte (Kompostierung schadstoffhaltiger Abfälle), die bei einer regelmäßigen und langfristigen Anwendung zu erheblichen Schwermetalleinträgen im Boden führen.

Die Probe Lindener Berg stammt aus einem Gebiet, indem sich Industriealtlasten befinden, die vor Jahrzehnten durch die Industrie in die Umwelt gelangt sind. Auf diesem Boden sind ebenfalls erhöhte Konzentrationen vor allem an Blei und Kupfer messbar, welche aus Beimengungen der kontaminierten Materialien stammen können.

Bei allen Proben ist jedoch der gemeinsame Eintrag an Schwermetallen durch die Luft nicht zu vernachlässigen. Auch hier kann wieder zwischen den Gartenböden aus dem eher innerstädtischen Bereich und dem Ackerboden vom Stadtrand unterschieden werden. Durch Straßenverkehr und Industrieemissionen werden die Gartenböden stärker belastet, als die Äcker. Dies führt ebenfalls dazu, dass beide Nutzungsarten einen deutlichen Unterschied in den Schwermetallbelastungen aufweisen.

Ein weiterer wichtiger Punkt bei der Diskussion ist die Frage nach der Fraktion, in dem die meisten Schwermetalle angereichert werden. Mit Hilfe der Abbildungen in Abschnitt **2.2** kann diese Frage beantwortet werden.

Es ist zu erkennen, dass der Schwermetallgehalt zwischen der Ammoniumnitrat-Extraktion und der Ascorbinsäure/Oxalat-Extraktion für Blei um die Faktoren 20 – 140, für Kupfer um die Faktoren 20 – 70 und für Cadmium um die Faktoren 1 – 8 angestiegen ist. Ein Vergleich der Schwermetallgehalte zwischen den Extraktionen Ascorbinsäure/Oxalat und Königswasser zeigt aber, dass die Konzentrationsdifferenzen bei Kupfer einen Faktor 1 – 1,3, bei Blei einen Faktor 2 – 3 und bei Cadmium einen Faktor 1 – 8 entsprechen.

Daraus folgt, dass in der Fraktion die durch den Ascorbinsäure/Oxalat-Aufschluss erhalten wird, die größte Menge an Schwermetallen freigesetzt wird. Wie in der Einleitung besprochen, repräsentiert diese Fraktion die an Eisenhydroxide bzw. Eisenoxide gebundenen Schwermetalle, also die pedogenen Eisenminerale. Dabei spielen die Form und Menge der Eisenminerale bei der Pedogenese eine wichtige Rolle. Durch ihre sehr reaktive Oberfläche können viele verschiedene Prozesse ablaufen, die für die Bodenbildung wichtig sind. Dadurch kann sich ihre Boden-Speziierung im Laufe der Jahre stark verändern und somit auch die Schwermetalle, die in ihnen Adsorbiert werden. Aus diesem Grund enthalten die Eisenminerale den größten Anteil an den Schwermetallen und spielen eine wichtige Rolle auch bei der Schwermetall-Mobilisierung während der Pedogenese [2].

Aus den Werten geht weiterhin hervor, dass Blei, im Vergleich zu den beiden anderen Schwermetallen, einen insgesamt höheren Gehalt in den einzelnen Fraktionen, vor allem in der Ascorbinsäure/Oxalat-Extraktion aufweist. Dies könnte an den besseren Sorptionseigenschaften des Bleis z.B. an die Eisenhydroxide bzw. Eisenoxide in dieser Fraktion liegen. Die Adsorption von Schwermetallen wird, wie in der Einleitung besprochen, von ihren pK-Werten beeinflusst. Da die Adsorption mit abnehmendem pK-Wert steigt, ist diese Beobachtung nachvollziehbar. Blei besitzt einen pK-Wert von 7,8, wohingegen Kupfer einen pK-Wert von 8,0 aufweist. Diese geringe Diskrepanz macht sich bei den Gehalten bemerkbar, die sie sich manchmal auch nur geringfügig unterschieden. Je mehr Schwermetall in den Böden über einen gewissen Zeitraum akkumuliert werden konnte, desto mehr konnte auch bei den Aufschlüssen extrahiert und detektiert werden. Eine deutliche Abstufung ist jedoch beim Cadmium zu beobachten. Seine sehr geringen Gehalte können durch seinen pK-Wert von 10,1 begründet werden, der eine schlechtere Adsorption begründet [2].

Neben der Bestimmung der Schwermetallkonzentrationen in den Böden wurden auch die pH-Werte der einzelnen Proben bestimmt, denn der pH-Wert ist eine entscheidende Einflussgröße bei der Mobilisierung von Schwermetallen. Wie anfangs besprochen werden Schwermetalle vor allem im sauren Milieu gut mobilisiert. Trotz der verschiedenen Herkunftsorte und der verschiedenen Nutzungen der Böden weisen jedoch alle einen pH-Wert im schwach sauren Bereich bzw. die beiden Ackerböden Fuhrberg und Helldorf einen pH-Wert im mäßig sauren Bereich auf. Diese niedrigeren pH-Werte liegen an dem Bodentyp, der sich im vorliegenden Fall aus sandigen Substanzen entwickelt hat. Trotz dieser saureren Bedingungen konnten keine messbaren Konzentrationsüberschreitungen, bis auf den Bleigehalt bei der Probe aus Fuhrberg bei der Ammoniumnitrat-Extraktion, detektiert werden. Der niedrigere pH-Wert hat folglich bei diesen Proben keinen Einfluss auf eine bessere Schwermetallmobilität und liegt daher nicht in einem kritischen Bereich.

4 Schlussfolgerungen und Ausblick

An Hand der durchgeführten Versuche konnten die Unterschiede zwischen den Garten- und Ackerböden im Bezug auf die Schwermetallgehalte aufgezeigt werden.

Es zeigte sich eine klare Tendenz, wobei die Gartenböden alle um einen Faktor 5 – 10 höhere Schwermetallkonzentrationen aufwiesen als die Ackerböden. Daraus resultiert eine potentielle Gefahr für die Menschen, die ihre eigenen Gartenböden bewirtschaften. Durch die Nutzpflanzen, die in den Böden die Schwermetalle akkumulieren, gelangen diese sehr toxischen Elemente in die Nahrungskette des Menschen und können Krankheiten oder Allergien auslösen [9]. Aus diesem Grund sollten Kleingärtner, bevor sie Nutzpflanzen des heimischen Gartens verzehren, ihren Boden genaueren Analysen unterziehen und sich gegebenenfalls über eventuell bekannte Belastungsquellen im Boden informieren.

Im Gegensatz zu diesen starken Belastungen der Gartenböden, die auf Grund ihrer Standorte, zumeist in der Innenstadt und nahe von Industrieemissionen, auch kaum zu minimieren sind, sind die Ackerböden weitaus weniger Schwermetall belastet. Dies kann an den ländlicheren Standorten, an dem kontrollierten Anbau der Nutzpflanzen und die damit verbundene regelmäßige Pflege der Böden liegen. Daher sind diese untersuchten Ackerböden im Hinblick auf den Wirkungspfad Boden-Nutzpflanze nicht gefährdet, und stellen kein Risiko für das Verzehren der Nutzpflanzen da.

Um im Rahmen dieser Studie aber weitere, allgemeiner gültige Aussagen zu treffen müssen systematische Untersuchungen durchgeführt werden. Dabei sollten vor allem die verschiedenen Standorte berücksichtigt werden die mit den gleichen Belastungsquellen in Berührung kommen, um so auch Vergleichsmessungen durchzuführen.

Des Weiteren sollten empfindlichere Analysen-Methoden, wie z.B. die ICP-OES, gewählt werden um vor allem im unteren Konzentrationsbereich bei Cadmium und Kupfer präzisere Konzentrationsbestimmungen durchzuführen.

Quellenverzeichnis

[1]   *Katalyse*, Institut für angewandte Umweltforschung, Köln, **2001**

[2]   H. Ciglasch, *Probenahme und Analytik von Bodenproben*, Universität Hannover, **2008**

[3]   O. Horak, W. Friesl, W. Wenzel, *Immobilisierung von Schwermetallen in belasteten Böden*, Universität für Bodenkultur, Wien, **2002**

[4]   D. A. Skoog, J. J. Leary, *Instrumentelle Analytik*, Springer, Berlin, **1996**

[5]   H. Ciglasch, *Fraktionierte Schwermetall-Extraktion aus Acker- und Gartenböden*, Universität Hannover, **2008**

[6]   *Materialien zur Altlastenbearbeitung*, Handbuch Bodenwäsche, Band 11, **1993**

[7]   *Bundes-Bodenschutz- und Altlastenverordnung* (BBodSchV), Aktualisierung vom 23.12.2004

[8]   *Klärschlammverordnung* (AbfKlärV), Aktualisierung vom 20.10.2006

[9]   A. Pich, *Metalle – Pharmakologie und Toxikologie*, MH Hannover, **2008**

Anhang

A.1 Einwaagen der Böden für die pH-Wert Messungen

Probe	m in g
Arnum	10,03
Fuhrberg	10,03
Helldorf	10,08
Lindener Berg	10,00
Döhren	10,03
Burgweg	10,04

A.2 Einwaagen der Böden für die Extraktionen

Probe	Ammoniumnitrat m in g	Ascorbinsäure/Oxalat m in g	Königswasser m in g
Arnum A1	2,01	2,01	2,02
Arnum A2	2,00	2,05	2,01
Fuhrberg F1	2,05	2,01	2,00
Fuhrberg F2	2,00	2,03	2,00
Helldorf H1	2,01	1,99	2,01
Helldorf H2	2,03	2,00	2,05
Burgweg B1	2,00	2,03	2,02
Burgweg B2	1,99	2,01	2,04
Lindener Berg L1	2,00	2,01	2,00
Lindener Berg L2	2,05	2,02	2,00
Döhren D1	2,01	2,00	2,02
Döhren D2	2,00	2,03	2,03

A.3 Originaldaten der pH-Wert Messung

Probe	pH-Wert
Arnum	6,5
Fuhrberg	5,1
Helldorf	5,8
Lindener Berg	6,4
Döhren	6,5
Burgweg	6,6

A.4 Originaldaten der AAS-Messung

Cadmium

Ammoniumnitrat-Extraktion (alle Ergebnisse in mg/L):

Boden	1. Mess.	2. Mess.	1. Mess. kor.	2. Mess. kor.	Mittelw. Kor.	StaAbw. Mittelw.
Blind	0,004	0,006				
A1	0,008	0,019	0,003	0,007	0,005	0,0025
A2	0,008	0,020	0,003	0,008	0,005	0,0032
F1	0,003	0,018	-0,002	0,006	0,002	0,0053
F2	0,005	0,006	0,000	-0,007	-0,003	0,0046
H1	0,005	0,018	0,000	0,006	0,003	0,0039
H2	0,007	0,008	0,002	-0,005	-0,001	0,0046
B1	0,004	0,024	-0,001	0,012	0,005	0,0088
B2	0,015	0,023	0,010	0,011	0,010	0,0004
L1	0,008	0,016	0,003	0,004	0,003	0,0004
L2	0,010	0,013	0,005	0,000	0,003	0,0032
D1	0,013	0,031	0,008	0,019	0,013	0,0074
D2	0,015	0,026	0,010	0,014	0,012	0,0025
Blind		0,019				
Blind Mittel	0,005	0,013				

Ascorbinsäure/Oxalat-Extraktion (alle Ergebnisse in mg/L):

Boden	1. Mess.	2. Mess.	1. Mess. kor.	2. Mess. kor.	Mittelw. Kor.	StaAbw. Mittelw.
Blind	0,010	0,015				
A1	0,017	0,025	0,005	0,010	0,007	0,0035
A2	0,035	0,042	0,023	0,027	0,025	0,0028
F1	0,003	0,010	-0,010	-0,006	-0,008	0,0028
F2	0,014	0,017	0,002	0,002	0,002	0,0000
H1	0,021	0,030	0,009	0,015	0,012	0,0042
H2	0,010	0,011	-0,003	-0,005	-0,004	0,0014
B1	0,015	0,021	0,003	0,006	0,004	0,0021
B2	0,026	0,041	0,014	0,026	0,020	0,0085
L1	0,020	0,030	0,008	0,015	0,011	0,0049
L2	0,006	0,009	-0,007	-0,007	-0,007	0,0000
D1	0,002	0,008	-0,011	-0,008	-0,009	0,0021
D2	0,019	0,028	0,007	0,013	0,010	0,0042
Blind		0,016				
Blind Mittel	0,013	0,016				

Königswasser-Aufschluss (alle Ergebnisse in mg/L):

Boden	1. Mess.	2. Mess.	1. Mess. kor.	2. Mess. kor.	Mittelw. Kor.	StaAbw. Mittelw.
Blind	-0,009	-0,018				
A1	0,003	-0,005	0,017	0,011	0,014	0,0039
A2	-0,001	-0,002	0,013	0,014	0,013	0,0011
F1	-0,008	-0,005	0,006	0,011	0,008	0,0039
F2	-0,007	-0,004	0,007	0,012	0,009	0,0039
H1	-0,008	-0,005	0,006	0,011	0,008	0,0039
H2	-0,009	-0,005	0,005	0,011	0,008	0,0046
B1	0,012	0,009	0,026	0,025	0,025	0,0004
B2	0,011	0,008	0,025	0,024	0,024	0,0004
L1	-0,001	-0,001	0,013	0,015	0,014	0,0018
L2	-0,002	-0,001	0,012	0,015	0,013	0,0025
D1	0,031	0,033	0,045	0,049	0,047	0,0032
D2	0,033	0,031	0,047	0,047	0,047	0,0004
Blind		-0,014				
Blind Mittel	-0,014	-0,016				

Kupfer

Ammoniumnitrat-Extraktion (alle Ergebnisse in mg/L):

Boden	1. Mess.	2. Mess.	1. Mess. kor.	2. Mess. kor.	Mittelw. Kor.	StaAbw. Mittelw.
Blind	-0,055	-0,081				
A1	-0,054	-0,060	0,014	0,026	0,020	0,0081
A2	-0,062	-0,074	0,006	0,012	0,009	0,0039
F1	-0,062	-0,071	0,006	0,015	0,010	0,0060
F2	-0,070	-0,075	-0,002	0,011	0,004	0,0088
H1	-0,065	-0,078	0,003	0,007	0,005	0,0032
H2	-0,070	-0,073	-0,002	0,013	0,005	0,0103
B1	0,001	0,002	0,069	0,088	0,078	0,0131
B2	-0,007	-0,009	0,061	0,077	0,069	0,0110
L1	-0,065	-0,080	0,003	0,005	0,004	0,0018
L2	-0,061	-0,063	0,007	0,023	0,015	0,0110
D1	-0,013	-0,020	0,055	0,066	0,060	0,0074
D2	-0,025	-0,030	0,043	0,056	0,049	0,0088
Blind		-0,090				
Blind Mittel	-0,068	-0,086				

Ascorbinsäure/Oxalat-Extraktion (alle Ergebnisse in mg/L):

Boden	1. Mess.	2. Mess.	1. Mess. kor.	2. Mess. kor.	Mittelw. Kor.	StaAbw. Mittelw.
Blind	0,017	0,009				
A1	0,180	0,183	0,167	0,179	0,173	0,0081
A2	0,220	0,187	0,207	0,183	0,195	0,0173
F1	0,291	0,265	0,278	0,261	0,269	0,0124
F2	0,221	0,207	0,208	0,203	0,205	0,0039
H1	0,129	0,122	0,116	0,118	0,117	0,0011
H2	0,141	0,121	0,128	0,117	0,122	0,0081
B1	1,522	1,652	1,509	1,648	1,578	0,0979
B2	1,374	1,337	1,361	1,333	1,347	0,0202
L1	0,443	0,394	0,430	0,390	0,410	0,0286
L2	0,456	0,415	0,443	0,411	0,427	0,0230
D1	1,122	1,109	1,109	1,105	1,107	0,0032
D2	1,257	1,319	1,244	1,315	1,279	0,0499
Blind		0,000				
Blind Mittel	0,013	0,005				

Königswasser-Aufschluss (alle Ergebnisse in mg/L):

Boden	1. Mess.	2. Mess.	1. Mess. kor.	2. Mess. kor.	Mittelw. Kor.	StaAbw. Mittelw.
Blind	-0,006	-0,007				
A1	0,136	0,157	0,143	0,164	0,153	0,0148
A2	0,135	0,150	0,142	0,157	0,149	0,0106
F1	0,154	0,160	0,161	0,167	0,164	0,0042
F2	0,171	0,170	0,178	0,177	0,177	0,0007
H1	0,083	0,089	0,090	0,096	0,093	0,0042
H2	0,083	0,084	0,090	0,091	0,090	0,0007
B1	1,223	1,233	1,230	1,240	1,235	0,0071
B2	1,169	1,184	1,176	1,191	1,183	0,0106
L1	0,301	0,305	0,308	0,312	0,310	0,0028
L2	0,299	0,299	0,306	0,306	0,306	0,0000
D1	0,995	1,002	1,002	1,009	1,005	0,0049
D2	0,962	0,988	0,969	0,995	0,982	0,0184
Blind		-0,006				
Blind Mittel	-0,007	-0,007				

Blei

Ammoniumnitrat-Extraktion (alle Ergebnisse in mg/L):

Boden	1. Mess.	2. Mess.	1. Mess. kor.	2. Mess. kor.	Mittelw. Kor.	StaAbw. Mittelw.
Blind	0,170	0,263				
A1	0,222	0,259	0,005	-0,019	-0,007	0,0173
A2	0,162	0,281	-0,055	0,003	-0,026	0,0407
F1	0,276	0,280	0,060	0,002	0,031	0,0407
F2	0,212	0,264	-0,005	-0,014	-0,009	0,0067
H1	0,215	0,206	-0,002	-0,072	-0,037	0,0499
H2	0,250	0,224	0,034	-0,054	-0,010	0,0619
B1	0,281	0,296	0,065	0,018	0,041	0,0329
B2	0,204	0,311	-0,013	0,033	0,010	0,0322
L1	0,229	0,217	0,013	-0,061	-0,024	0,0520
L2	0,219	0,257	0,002	-0,021	-0,009	0,0166
D1	0,282	0,265	0,065	-0,013	0,026	0,0555
D2	0,230	0,320	0,014	0,042	0,028	0,0202
Blind		0,293				
Blind Mittel	0,217	0,278				

Ascorbinsäure/Oxalat-Extraktion (alle Ergebnisse in mg/L):

Boden	1. Mess.	2. Mess.	1. Mess. kor.	2. Mess. kor.	Mittelw. Kor.	StaAbw. Mittelw.
Blind	0,276	0,293				
A1	0,571	0,574	0,287	0,294	0,290	0,0049
A2	0,602	0,601	0,318	0,321	0,319	0,0021
F1	0,558	0,505	0,274	0,225	0,249	0,0346
F2	0,497	0,449	0,213	0,169	0,191	0,0311
H1	0,567	0,555	0,283	0,275	0,279	0,0057
H2	0,578	0,485	0,294	0,205	0,249	0,0629
B1	1,580	1,669	1,296	1,389	1,342	0,0658
B2	1,634	1,554	1,350	1,274	1,312	0,0537
L1	0,703	0,774	0,419	0,494	0,456	0,0530
L2	0,765	0,778	0,481	0,498	0,489	0,0120
D1	2,806	2,711	2,522	2,431	2,476	0,0643
D2	2,846	2,777	2,562	2,497	2,529	0,0460
Blind		0,268				
Blind Mittel	0,285	0,281				

Königswasser-Aufschluss (alle Ergebnisse in mg/L):

Boden	1. Mess.	2. Mess.	1. Mess. kor.	2. Mess. kor.	Mittelw. Kor.	StaAbw. Mittelw.
Blind	-0,311	-0,209				
A1	0,262	0,260	0,522	0,502	0,512	0,0145
A2	0,164	0,279	0,424	0,521	0,472	0,0682
F1	0,166	0,114	0,426	0,356	0,391	0,0499
F2	0,187	0,140	0,447	0,382	0,414	0,0463
H1	0,143	0,116	0,403	0,358	0,380	0,0322
H2	0,235	0,230	0,495	0,472	0,483	0,0166
B1	3,503	3,446	3,763	3,688	3,725	0,0534
B2	3,358	3,268	3,618	3,510	3,564	0,0767
L1	0,764	0,813	1,024	1,055	1,039	0,0216
L2	0,745	0,809	1,005	1,051	1,028	0,0322
D1	5,139	5,112	5,399	5,354	5,376	0,0322
D2	5,247	5,079	5,507	5,321	5,414	0,1319
Blind		-0,274				
Blind Mittel	-0,260	-0,242